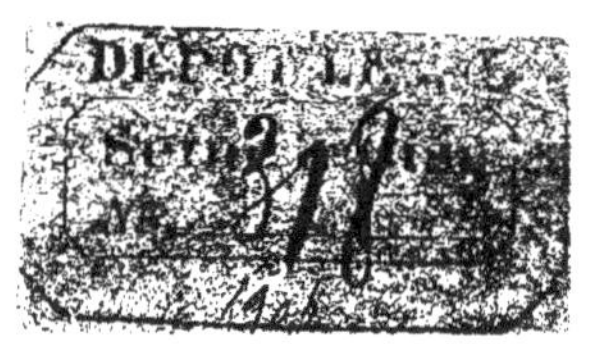


Henry-René D'ALLEMAGNE

ARCHIVISTE-PALÉOGRAPHE


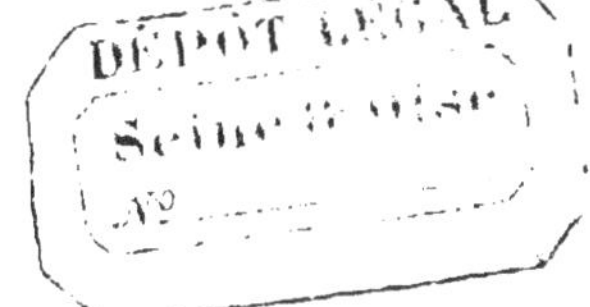

# PETIT GUIDE

# DE L'EXPOSITION RÉTROSPECTIVE FRANÇAISE



DES

# MOYENS DE TRANSPORTS


Exposition internationale de Milan

1906

# COMITÉ

# DE L'EXPOSITION RÉTROSPECTIVE

---

**MM.** **D'Allemagne,** *Président.*
**Rheims,** *Vice-président.*
**Kellner,** —
**Sarriau,** —
**Dufresne,** *Secrétaire.*
**Mühlbacher,** *Rapporteur.*
**De Montarnal,** *Architecte.*

---

Vue d'ensemble de l'Exposition, prise de l'angle à droite.

# PETIT GUIDE
# DE L'EXPOSITION RÉTROSPECTIVE
## FRANÇAISE
DES
# MOYENS DE TRANSPORTS

**EXPOSITION INTERNATIONALE DE MILAN, 1906**

L'Exposition rétrospective française des moyens de transports est située tout près de l'entrée principale, dans un palais qui s'élève sur la gauche quand on regarde l'entrée du tunnel du Simplon; car on n'ignore pas que ce fut pour commémorer ce grand événement que fut organisée l'Exposition de Milan en 1906. Au-dessus du groupe symbolique qui marque l'entrée du tunnel, on a placé une inscription d'un style quelque peu pompeux rappelant que pour la troisième fois les Alpes vaincues livraient passage à la civilisation et permettaient aux peuples voisins d'échanger leurs produits en donnant un plus grand essor à leur commerce.

La cour qui se trouve derrière la grille de l'entrée principale est fermée, à droite et à gauche, par deux bâtiments d'aspect à peu près similaire dans l'un desquels est l'exposition des industries de la pêche et l'aquarium, tandis qu'en face se dresse la « Monstra retrospectiva » dans laquelle on a accumulé tout ce que l'Italie possède de plus curieux comme voitures et comme modèles de bateaux.

Après avoir traversé le péristyle qui est orné d'une réduction de la Victoire de Samothrace, gracieusement envoyée par le Musée du Louvre, on pénètre dans la salle des antiques où sont quelques reproductions des plus remarquables chars que nous a légués l'antiquité et où l'on remarque, entre autres pièces, une reconstitution fort ingénieuse de la litière réservée autrefois aux Vestales.

On accède ensuite dans le grand salon d'honneur, où nous noterons en passant deux très curieuses caisses de voitures du seizième siècle qui, paraît-il, ont été conservées dans la famille du Dante. Ces voitures affectent une forme cylindrique et sont en tous points analogues à celles que nous voyons reproduites dans les miniatures du quinzième siècle du célèbre manuscrit de l'Arsenal connu sous le nom de *Décaméron* de Boccace. Elles sont couvertes d'un toit semicirculaire, composé de planches cintrées et sont toutes garnies de seulptures dorées.

Après avoir traversé un couloir, nous pénétrons dans la Section française qui se compose d'une sorte de nef centrale et de deux bas-côtés.

Pour la commodité du visiteur, nous allons indiquer les principales pièces de l'Exposition suivant l'emplacement qui leur a été attribué à chacune.

Pour employer un mot un peu moderne, nous dirons que dans le stand central on a réuni les plus curieuses voitu rettes et voitures du dix-huitième siècle. En commençant par l'angle à droite, nous remarquons une jolie petite calèche bien délabrée, mais qui, malgré son petit air vieillot, a un charmant caractère de l'époque qu'elle représente. C'était la petite calèche destinée à un attelage de chèvres qui provient de S. A. R. Mgr le Comte de Chambord. Cette pièce appartient à M. Mühlbacher, qui a tenu à la con-

Vue d'ensemble de l'Exposition prise de l'angle à gauche.

server dans toute son intégrité pour laisser à cette curieuse relique son cachet d'authenticité. Les panneaux de cette petite voiture sont fortement gondolés et l'on aperçoit dans une jolie petite frise peinte en haut de la caisse une série de petits Amours casqués qui, dans le plus simple appareil, folâtrent le plus gaiement du monde. A l'arrière de cette petite voiture se trouvent des cordelières de soie qui devaient servir à quelque minuscule laquais grimpé derrière ce petit carrosse. Outre la flèche pour l'attelage à chèvres, on voit encore une autre flèche imitant un travail de corde, servant dans le cas où l'on voulait tirer cette voiture à la main, ainsi qu'on le voit représenté si souvent dans les gravures de la Restauration. Le timon dont on devait se servir le jour où l'attelage cornu devait tirer le royal voyageur est beaucoup plus simple.

C'est au même usage qu'était probablement destinée la petite voiture Louis XV, basse sur roues, qui est placée tout à fait à l'avant du stand. Elle appartient à M. Henry D'Allemagne et possède à l'arrière une jolie coquille du style rococo où devait se placer le jeune valet chargé d'accompagner l'équipage.

A l'angle gauche du stand, nous trouvons un traîneau du dix-huitième siècle hollandais qui a été exposé par M. Sarluis ; il est de forme contournée et sur les panneaux se trouvent de jolies peintures rappelant les scènes de divertissements si souvent figurés dans les œuvres des peintres néerlandais.

Si nous continuons à tourner vers la gauche, nous rencontrons un traîneau d'une très belle allure qui a appartenu à l'impératrice Joséphine et qui est actuellement la propriété de M. Mühlbacher. La caisse de ce traîneau est formée par deux griffons qui enveloppent entièrement cette partie de la carrosserie et semblent entraîner dans leur course le voyageur assis dans ce gracieux véhicule, que nous avons si peu souvent l'occasion de voir circuler sur nos routes françaises. Sur le devant du traîneau est fixée une statue représentant une divinité antique qui tient à la main droite une sorte de disque. A l'extrémité des branches recourbées qui servent de supports à tout le véhicule, se trouve un aigle contourné se préparant à prendre son vol; il est placé sous une arcature en métal toute garnie de sonnettes.

A l'arrière pour l'usage du valet de pied se trouve un siège, qui est formé d'une sorte de sellette. Le valet maintenait son équilibre à l'aide de deux étriers fixés sur le châssis et dans lesquels il plaçait ses pieds. La décoration générale vert et or donne le plus gracieux effet à tout le véhicule.

Les chaises à porteur ne pouvaient manquer d'être représentées dans une exposition de ce genre, et nous en voyons figurer un spécimen intéressant appartenant à M. Henry D'Allemagne. Cette pièce présente cette particularité qu'elle est garnie d'appliques en bois sculpté et doré qui sont fixées sur le cuir même de la chaise. De jolis trophées dans le goût de l'époque Louis XVI décorent les panneaux, et sur la face opposée à la porte d'entrée se trouve un curieux blason indiquant que cette chaise à porteur fut, il y a environ cent vingt ans, la propriété de quelque noble baron. L'intérieur est garni en velours de Gênes rouge, ainsi que la chose se pratiquait couramment pour tous les véhicules luxueux de cette époque.

Nous arrivons maintenant dans l'allée qui nous sépare de l'exposition rétrospective allemande ; le premier objet que nous apercevons sur le stand, en tournant à droite, est le curieux petit carrosse qui avait été construit pour le Dau-

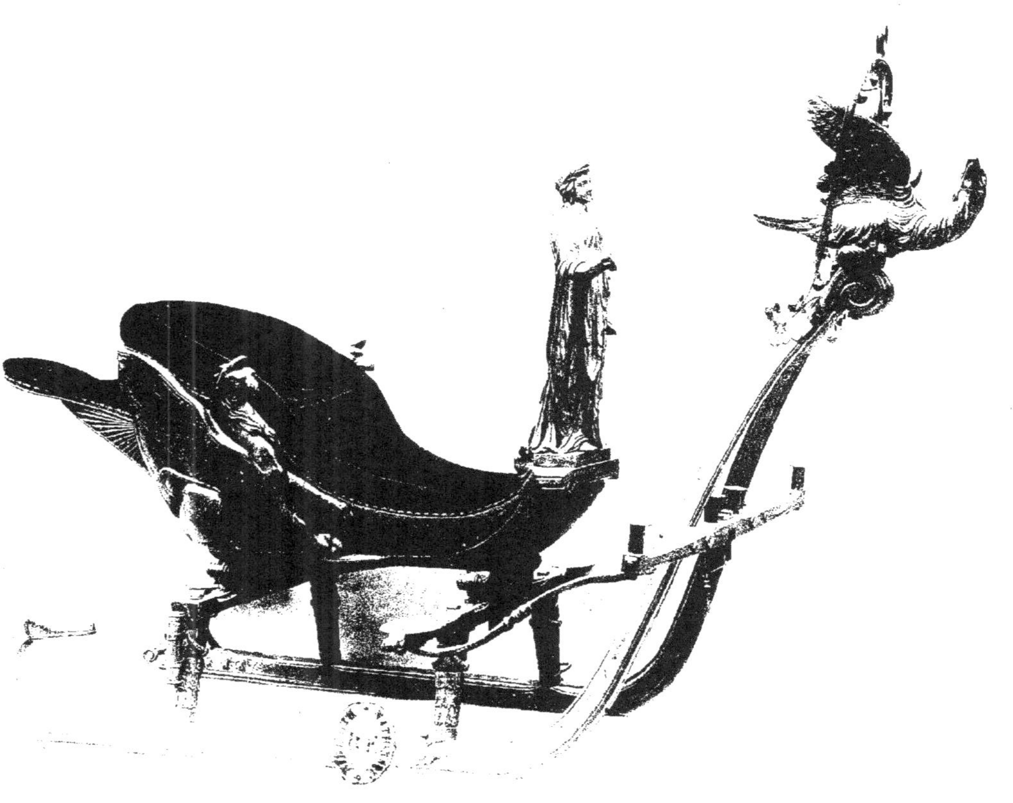

**Traîneau ayant appartenu à l'Impératrice Joséphine.** *(Collection Mühlbacher.)*

phin, fils aîné de Louis XVI. Tout le monde a encore présente à la mémoire la douloureuse aventure qui arriva à ce fils de France. C'était un joli et intelligent petit garçon, d'une bonne santé, mais que son père effrayé de la fin terrible de son aïeul Louis XV voulut immuniser contre la terrible maladie qui l'avait emporté. A cette époque où les sérums et autres genres d'inoculations n'étaient encore que fort peu connus, le roi n'hésita cependant pas à se faire inoculer ainsi que ses deux frères en 1774. Les résultats ayant été très satisfaisants, il voulut, le 1er septembre 1785, réitérer cette dangereuse expérience sur son fils. Ce fut le docteur Richard Jauberthou, médecin du comte d'Artois, qui fit l'opération ; il inséra aux deux bras du jeune prince le levain variolique enlevé à un enfant de 2 ans et demi. L'opération naturellement réussit fort bien, mais à partir de ce moment la santé du prince alla toujours en déclinant. Ce fut alors que l'on eut l'idée, pour le promener dans les allées de Versailles, de faire fabriquer le curieux petit carrosse qui nous a été confié par M. le comte de Saint-Maurice. On voit sous la voiture une sorte de caisse qui dépasse le reste de la carrosserie et qui était probablement destinée à permettre au jeune Dauphin de se trouver placé à son aise dans la voiture.

L'intérieur est tout entier garni d'une très fine étoffe de flanelle blanche dont le temps et les vers n'ont malheureusement laissé que quelques rares spécimens. A l'extérieur, la voiture est peinte d'un ton rose sur lequel se détachent de jolies petites guirlandes de fleurs. Les courroies de suspension, toutes en cuir blanc, sont garnies de dessins et d'arabesques en couleur d'un fort joli effet. Derrière la caisse de la voiture est une minuscule plate-forme destinée à supporter quelque microscopique laquais. Le siège, tout garni et orné de franges somptueuses, devait recevoir quelque jeune cocher emprunté au royaume de Lilliput. Ce conducteur ne devait avoir du reste qu'un rôle secondaire, car ce véhicule était traîné à la main ainsi qu'en témoigne la flèche garnie d'une poignée qui se fixe à l'avant.

M. le comte de Saint-Maurice nous a rapporté que cette petite voiture fut achetée par son grand-père vers l'année 1790 à une vente du mobilier de la couronne qui eut lieu à Versailles. C'est une précieuse relique historique dont la place était tout indiquée dans une exposition rétrospective française.

Si nous continuons notre promenade, nous apercevons un petit traîneau finlandais dans lequel est installé un Esquimau qui manœuvre son rudimentaire équipage à l'aide de deux piques.

A l'extrémité du stand est placé un traîneau du dix-huitième siècle, que nous devons à l'obligeance de MM. Rheims et Auscher. C'est une curieuse pièce toute en bois sculpté ; le train de devant se relève en une courbe gracieuse et est surmonté d'une sorte de dragon ailé. La place du valet accompagnant le traîneau est comme d'habitude située à l'arrière, et ce domestique devait se tenir en équilibre à l'aide de deux énormes étriers en forme de sabots fixés sur le châssis. Il ne faut pas oublier de noter une disposition très ingénieuse d'une espèce de frein fixé à l'arrière du châssis : une sorte de manivelle en fer était en effet disposée de telle sorte que, sous le moindre effort exécuté par la pression du pied du valet, une pointe acérée s'enfonçait immédiatement dans la glace et arrêtait le traîneau dans sa course vertigineuse.

Tournant à droite pour revenir à notre point de départ, nous rencontrons une chaise à porteur du dix-huitième

**Petit carrosse construit pour le Dauphin, fils aîné de Louis XVI.** *(Collection du comte de Saint-Maurice.)*

siècle, ornée de peinture à sujets gracieux, qui provient de la collection de MM. Rheims et Auscher.

Près de cette chaise nous voyons la caisse d'un joli carrosse de gala qui a été aimablement prêtée par MM. Hamburger frères. Cette carrosserie, du plus pur style rococo, appartenait à une très grande voiture au milieu de laquelle elle se balançait soutenue par de fortes courroies en cuir. La caisse aux formes contournées est entièrement garnie, sur ses arêtes, de riches moulures en bois sculpté et doré. Le toit ainsi que la partie supérieure du panneau de derrière sont en cuir noir garni de clous en bronze de forme conique. Les portières et les parties basses des côtés et du derrière sont couvertes de somptueuses peintures faites sur fond or, et l'on peut encore apercevoir, derrière la caisse, un écusson représentant des armoiries des plus compliquées. L'intérieur est garni en velours rouge suivant la mode courante à cette époque.

Au centre du stand est une grande voiture qui a été exposée par Mme Martinat, et c'est une pièce fort intéressante en raison de son importance et des riches sculptures qui décorent les roues ainsi que tout le train de la voiture. Cet équipage n'est cependant pas une voiture de gala, c'est évidemment le véhicule de quelque riche bourgeois; à l'Exposition de 1900, il y avait quelques voitures de ce type qui correspondaient exactement aux voitures de ville à la mode sous le règne de Louis XVI. L'intérieur est garni de vieille soie et le plancher du siège est orné de riches peintures sur fond rouge se détachant au milieu d'un encadrement en bois sculpté.

Avant de passer aux vitrines, nous devons nous arrêter un instant à ces merveilleux modèles de carrosserie qui ont été exécutés au quart de la grandeur naturelle par M. Philippe Devillard, qui s'est fait une remarquable spécialité dans la construction si difficile et si délicate de ces précieuses pièces.

Le premier que nous voyons en entrant dans l'exposition rétrospective française et en se dirigeant vers la gauche est, nous dit l'étiquette gravée placée à l'intérieur de la vitrine, le modèle d'un cabriolet à six ressorts tel que ce genre de voiture était en usage dans la première moitié du dix-neuvième siècle. Il a été exécuté au point de vue de la carrosserie par M. Philippe Devillard et au point de vue de la menuiserie par M. Petitjean d'après les plans de M. Dupont. Ce travail n'a pas demandé moins d'une année du labeur combiné de ces deux artistes.

Le second modèle que nous rencontrons est la reproduction au quart grandeur d'exécution du carrosse qui fut construit en 1856 pour le baptême du prince impérial. Cette voiture est non seulement une merveille de carrosserie, mais il y a également tout un travail de ciselure de bronze et de finition, dans la passementerie et la gainerie, sur lequel on ne saurait trop attirer l'attention du public.

Ce modèle, ainsi que celui du cabriolet dont nous venons de parler, nous ont été confiés par M. Dupont, l'auteur bien connu du *Guide de la Carrosserie*, qui les a fait exécuter spécialement pour les faire entrer dans ses collections.

Les deux autres modèles de voitures sont placés à droite du stand et font face à ceux que nous venons de décrire. Ils nous ont été confiés par M. Mühlbacher et comprennent un modèle de Dorsay et un modèle de Tilbury-Télégraphe, qui ont été tous les deux très en honneur dans le milieu du dix-neuvième siècle. Pour bien indiquer la fabrication de ces voitures, l'artiste qui les a reproduites a tenu à laisser son œuvre au point exact où le menuisier et le

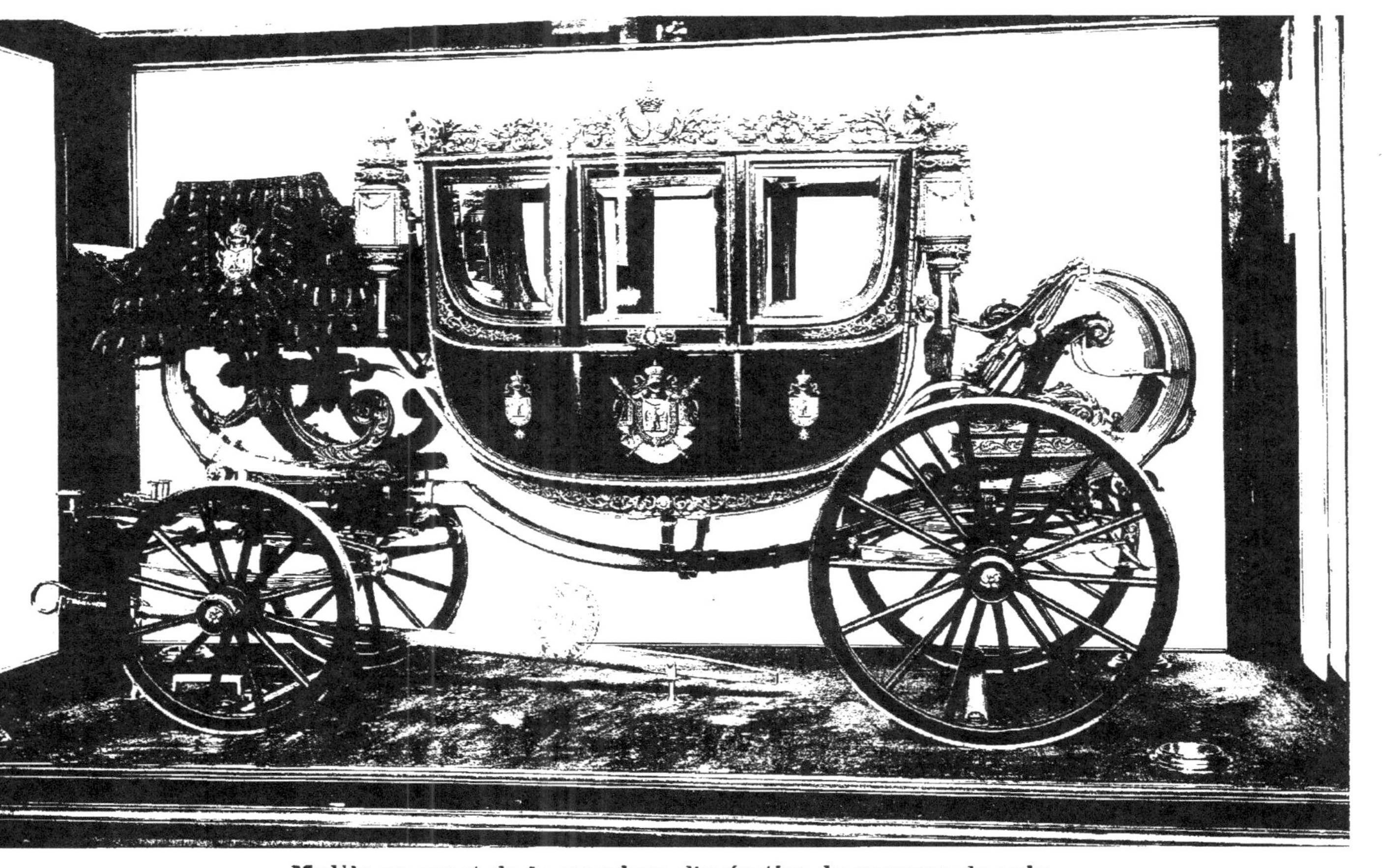

**Modèle au quart de la grandeur d'exécution du carrosse de gala construit pour le baptême du prince impérial en 1856.** (*Collection L.-C. Dupont.*)

serrurier livrent leur travail au peintre. On peut ainsi se rendre compte de la structure délicate et compliquée de toutes ces voitures dont nous nous servons journellement sans nous douter de toute l'habileté qu'il a fallu déployer pour leur donner les qualités de solidité, d'élégance et de confort que nous réclamons à ceux qui doivent nous les fournir.

La pièce la plus ancienne de l'exposition est sans contredit le char antique qui se trouve placé à proximité de la salle où sont exposés les carrosses pontificaux. Il est à peine besoin d'ajouter ici que ce char n'est qu'une reconstitution aussi exacte que possible qui a été faite à l'aide de bronzes antiques trouvés dans une sépulture et qui furent vendus, il y a une quinzaine d'années, lors de la vente Castellani à Rome.

On remarquera tout d'abord la disposition ingénieuse des roues munies de contre-jantes destinées à leur donner plus de force. L'inclinaison et la position même des oreillettes en bronze fixées après les cercles extérieurs et intérieurs des roues, ont seules permis d'arriver à déterminer la forme définitive de ces jantes. Le moyeu en bronze garni de sa boîte est une pièce des plus curieuses, et on jugera de la perfection avec laquelle était construit ce véhicule en notant que toutes ses parties sont finement gravées au burin et représentent des soleils rayonnants. L'ornement en bronze placé à l'avant du char devait être un fragment d'une importante partie de sculpture sur métal; il a été complété à l'aide d'une palmette en bois découpé de façon à conserver à la pièce tout son caractère d'authenticité. Le chapeau des roues et les deux petits médaillons qui terminent les bords supérieurs du char ne sont également qu'une reconstitution d'après les modèles antiques. Nous signalerons comme pièces tout à fait intéressantes les marchepieds en bronze facilitant l'accès dans le char et les deux montures du même métal destinées à fixer la barre qui permettait au guerrier de se tenir et d'éviter d'être renversé par les cahots de la route.

Les deux petits ornements en forme de cornes, qui sont placés en haut et à l'avant du char, semblent avoir été destinés à attacher les rênes.

On remarquera également les deux encadrements en bronze dentelé qui sont sur l'essieu entre la caisse proprement dite et les roues. Les bagues en métal coudé, qui forment la ceinture haute du char, devaient avoir pour mission de renforcer les parties faibles et d'éviter l'éclatement des bois en cas de collision violente. Sur le moyeu on aperçoit deux petites têtes barbues surmontées d'une petite tige, c'était évidemment les points d'attache des traits.

Ce curieux char romain a été reconstitué par M. Henry D'Allemagne et il avait figuré à Paris à l'exposition de 1889.

Quelques anciens modèles de vélocipèdes avaient leur place toute marquée dans cette exposition et trois amateurs, MM. Paisseau, Rousseau et Thiault, avaient bien voulu répondre à notre appel. Les trois bicycles exposés sont du système Michaux et ont été construits vers 1867.

Le bicycle de M. Thiault, qui a appartenu autrefois au comte d'Eu, est une machine très soignée et toutes les pièces en acier ont été gravées à l'eau-forte.

Les deux autres machines sont exactement identiques au bicycle ci-dessus, mais elles présentent cette particularité d'être munies de roues en bois.

Ces pièces présentent évidemment un intérêt rétrospectif très certain, mais elles paraissent déjà bien perfectionnées si on les compare aux premières draisiennes dont les cari-

**Char romain reconstitué à l'aide de fragments de bronzes antiques (vue de profil).** *(Collection Henry D'Allemagne.)*

catures de la Restauration nous ont conservé le souvenir.

Pour passer en revue maintenant les objets de petite dimension qui ont été rangés dans les vitrines, nous allons procéder comme pour le stand central, c'est-à-dire que nous allons examiner le contenu de la vitrine de gauche en commençant par le côté qui est le plus près de l'entrée.

La première travée est une sorte de bibliothèque dans laquelle sont exposés tous les livres et documents concernant l'histoire des moyens de transports et des voyages en général. Dans le bas, on aperçoit le dernier livre, l'*Art de conduire et d'atteler*, de M. le général baron Faverot de Kerbrech, qui est une des plus belles publications de ce genre ; ce volume appartient et a été exposé par M. Bail aîné.

Au-dessus se trouve la collection des guides Joanne, édités par la maison Hachette et Cie, puis toute une série de guides anciens depuis le commencement du dix-septième siècle jusqu'au milieu du dix-neuvième, qui font partie de la collection de M. Le Brun, directeur des *Guides Conty*.

Les derniers rayons de la Bibliothèque sont occupés par la collection de tickets de chemin de fer et de tramway de M. Marius Dujardin. On peut certes s'étonner au premier abord de ce genre d'étude, mais, à voir toutes ces pièces réunies, on arrive vite à comprendre l'intérêt qui s'en dégage et c'est une véritable page de l'histoire des moyens de transports que cet aimable collectionneur a su écrire de la sorte.

Les travées deux et trois de la vitrine contiennent à l'étage inférieur une importante collection d'éperons, de mors et d'étriers, allant depuis le milieu du seizième siècle jusqu'au milieu du dix-neuvième siècle. Parmi ces objets, nous noterons quelques pièces intéressantes provenant de la collection de M. Henry D'Allemagne ; tel est d'abord ce curieux fragment de mors romain en bronze qui fut trouvé à Kertch en Crimée ; puis, une intéressante muserolle de cheval, en fer découpé et ajouré, qui date du milieu du seizième siècle. En dessous de cette pièce se trouvent deux outils de maréchalerie, l'un de la Renaissance, l'autre du milieu du dix-huitième siècle : ce sont des espèces de rabots coupants destinés, quand on ferre un cheval, à enlever la partie de corne qui doit être retranchée.

Dans le fond de la vitrine, on aperçoit de très anciens fers à chevaux connus sous le nom d'*hyposandales :* c'étaient des espèces de chaussures en fer munies d'anneaux permettant de les fixer aux pieds des animaux à l'aide de lanières de cuir. On a beaucoup discuté sur ce genre d'objet et certains archéologues même ont voulu y voir des espèces de lampes, mais une étude un peu approfondie de ces *hyposandales* ne permet pas de maintenir cette opinion.

Sur la seconde planche des deuxième et troisième travées, nous voyons une collection de lanternes de voitures aux formes les plus variées ; quelques-unes ont un dôme imposant formé de plusieurs étages superposés ; d'autres affectent la forme de têtes de griffons ; quelques-unes, tout à fait modestes, indiquent, par leurs proportions réduites, qu'elles étaient destinées à éclairer les chaises à porteur dans le temps où les rues de Paris n'étaient éclairées qu'à l'aide de quelques chandelles parcimonieusement distribuées.

L'une des petites lanternes exposées mérite une mention toute spéciale ; elle porte sur l'un de ses verres, gravée, l'aigle impériale du second empire : cette lanterne a servi à la voiture aux chèvres du prince impérial.

Vitrines du côté gauche (première partie).

Tout en haut, nous trouvons de grandes pièces provenant de la décoration d'anciens carrosses ; c'est évidemment à une ancienne voiture qu'a été arrachée cette feuille en fer forgé, ainsi que cette série de ressorts en acier finement ciselé qui servaient de point d'attache aux courroies soutenant la caisse de la voiture.

La quatrième travée de la vitrine est réservée à l'histoire des chemins de fer. C'est évidemment une pensée un peu audacieuse que d'avoir cherché dans un cadre aussi restreint à rappeler le passé de cette importante industrie. Mais les quelques documents réunis dans cette vitrine sont loin de manquer d'intérêt. En bas est un magnifique modèle de locomotive construite au Creuzot en 1848. C'est une véritable merveille de mécanique et un document bien précieux pour l'histoire des chemins de fer. Il a été prêté par MM. Schneider et Cie.

En avant de cette locomotive se trouvent plusieurs médailles destinées à commémorer l'inauguration de quelques lignes de chemins de fer, qui ont été prêtées par le Ministère des Travaux publics et par M. d'Hautelaus.

Sur la seconde planche sont trois petits modèles de voitures ; l'un représente un équipage à la Daumont et le second un tilbury télégraphe ; ces deux modèles ont été prêtés par MM. Rheims et Auscher. Au milieu se trouve un modèle de malle-poste, appartenant à Mühlbacher, et qui rappelle très exactement les voitures de poste en usage au milieu du dix-neuvième siècle.

Sur la dernière planche de cette travée se trouvent deux petites locomotives destinées aux expériences de petite mécanique ; ce sont, à proprement parler, des jouets scientifiques qui datent du milieu du siècle dernier.

Les trois dernières travées de la vitrine sont réservées

aux petits modèles de carrosserie en bois. Au bas, on aperçoit de minuscules voitures de gala du dix-huitième siècle ; l'une avec son train jaune et sa caisse bleue est un jouet probablement hollandais. La pièce du milieu, qui appartient à M. Sarluis, est décorée de petits sujets en papier découpé rappelant le travail connu sous le nom de Sécrétan. La dernière voiture est un jouet du temps de Louis-Philippe ; il est en tôle peinte en brun avec quelques ornements en cuivre ciselé.

Au-dessus de cette pièce, sur la deuxième planche, est un modèle bien intéressant ; c'est le projet qui fut primé, il y a une quinzaine d'années, lorsque l'un des journaux du matin, à Paris, institua un concours pour trouver la forme la plus heureuse à donner aux automobiles. On avait laissé libre cours à l'imagination des carrossiers et on ne leur avait imposé aucun modèle spécial pour le châssis et la place du moteur. On voit que la maison Rheims et Auscher, à qui appartient ce modèle, était arrivée à un résultat vraiment charmant ; le malheur, c'est que cette voiture est impraticable et, pendant longtemps encore, nous serons condamnés à voir les formes, plus ou moins disgracieuses, des automobiles qui sillonnent nos routes et rendent souvent les routes de nos campagnes absolument impraticables aux modestes piétons.

Nous devons une attention tout à fait spéciale au curieux petit véhicule qui est placé à côté. C'est le modèle d'une de ces premières voitures à vapeur qui, sous la Restauration, furent reproduites si fréquemment dans les gravures et surtout dans les caricatures de l'époque. On voit que celui qui l'a composé avait déjà conscience de la nécessité des principaux organes indispensables à la construction des automobiles : à l'avant se trouve la roue de direction ;

Vitrines du côté gauche (seconde partie).

au-dessous est une boîte destinée à contenir la chaîne transmettant le mouvement du moteur à la roue, enfin surmontant tout le véhicule s'élève une cheminée destinée à l'évacuation du produit de la combustion du moteur.

A côté de cette automobile, qu'un artisan ingénieux avait construite pour pouvoir servir d'encrier, nous trouvons un petit jouet de l'époque de Louis XVI, fabriqué dans les montagnes du Jura, et qu'un ingénieux ressort permettait de faire marcher en cercle; comme dans la plupart des jouets mécaniques que l'on rencontre, le mouvement d'horlogerie dissimulé dans la caisse de la voiture actionne les roues de derrière et donne l'illusion que le cocher stimule avec son fouet son insensible coursier.

L'Exposition rétrospective des moyens de transports comprenait également tous les modèles des modes de navigation connus. Le défaut d'espace a empêché de montrer d'aussi nombreux modèles de bateaux qu'il eût été désirable de le faire. Toutefois, on a placé comme type un de ces bateaux en bois que les Égyptiens enfermaient dans les tombeaux pour permettre à l'âme des trépassés de traverser les nombreux fleuves qui les séparaient du pays des élus.

Un petit traîneau hollandais traité comme un jouet d'enfant termine la seconde planche de la vitrine.

Tout en haut, sur la dernière planche, nous voyons un petit coupé, exposé par M. Felber, qui indique comment était fait ce genre de voiture il y a quelque vingt-cinq ans. Nous rencontrons ensuite une voiture d'enfant, sorte de chariot d'une construction très simple qui était en usage dans le nord de la France et en Belgique au dix-huitième siècle. La partie la plus intéressante de ce véhicule est l'extrémité de la flèche qui est toute sculptée à jour.

**

Le derrière est également très remarquable et les ornements en relief dorés et polychromés qu'on y voit indiquent le cas que l'on faisait de ce genre de joujou.

La dernière pièce de cette vitrine est un très joli modèle de malle-poste du commencement du dix-neuvième siècle, fort simple d'apparence. Elle a cependant été traitée comme menuiserie et surtout comme serrurerie avec un soin égal à celui avec lequel ont été faits les quatre modèles exécutés au quart grandeur naturelle dont nous parlions il n'y a qu'un instant. Quand on démonte cette intéressante voiture, on se rend compte de la prévoyance avec laquelle étaient exécutés les moindres détails, et une multitude de dispositions ingénieuses indiquent le fruit d'observations réitérées faites dans le but d'améliorer ces véhicules destinés au transport en commun.

Si nous passons maintenant de l'autre côté de l'exposition, c'est-à-dire du côté droit en entrant, nous nous trouvons dans le domaine de la sellerie et du harnachement. Nous voyons sur le côté droit de la vitrine un exemple de ces curieuses brides en cuir brodé qui proviennent du Turkestan et qui donnent des aperçus bien curieux sur la mentalité de ces cavaliers kirghiz qui n'hésitent pas à mettre toute leur fortune dans le harnachement de leur cheval. Toutes les pièces de la bride sont couvertes de plaques en argent champlevé et dans chaque alvéole du métal a été inséré un petit fragment de turquoise qui a été ensuite lapidé, ce qui donne à la pièce une fois finie l'apparence d'un de ces beaux spécimens d'émail cloisonné si fréquent dans l'art oriental.

A côté se trouve placé un remarquable harnais de carrosse de gala de l'époque Louis XV, qui a été exposé par M. Claude Guinand ; il est tout en cuir rouge orné de pi-

Vitrines du côté droit.

qûres blanches qui forment de délicieux dessins dans le goût du dix-huitième siècle.

Sur le plancher de la vitrine se tiennent deux énormes bottes de postillon en cuir qui excitent aujourd'hui l'étonnement des visiteurs. Il est bon de remarquer que ces incommodes chaussures n'étaient aussi massives que pour protéger les jambes du cavalier qui, dans les collisions, était souvent désarçonné, et plus d'une fois il n'a dû qu'à l'épaisseur du cuir de ne pas avoir les jambes broyées sous les roues de la lourde diligence qu'il conduisait.

Dans cette vitrine se trouve également un petit cadre de bicyclette de M. Thiault; ce cadre est soudé à la soudure autogène, c'est-à-dire sans soudure apparente.

Dans la travée formant le milieu de la vitrine est fixé un écusson exposé par MM. Ducrot frères, sur lequel sont disposés tous les modèles en bronze qui ont servi à estamper les ornements en cuivre repoussé garnissant les harnais d'attelage à huit chevaux qui furent employés lors du mariage de la reine Isabelle II d'Espagne en 1846. Non loin de là le visiteur a pu apercevoir la couronne royale exécutée en bronze et qui a servi à décorer le sommet de la toiture du wagon-salon du train royal d'Espagne il y a quelque vingt années.

Au-dessous de l'écusson de MM. Ducrot se trouve un nécessaire de voyage exposé par M. Henry; c'est une de ces curieuses boîtes de l'époque Empire qui contiennent tout ce qu'un voyageur peut avoir besoin d'emporter, tant pour sa toilette que pour prendre un déjeuner sommaire au cours de sa route. Cette pièce a été faite évidemment pour quelque grand personnage, car le service en porcelaine comprenant deux tasses, deux soucoupes, une théière et un sucrier, sort de la manufacture de Sèvres.

Les côtés pratiques de l'existence n'ont pas été oubliés et le gainier a placé, à côté des ustensiles de toilette, un briquet et un mètre, qui fraternisent avec une boîte à thé et une chocolatière, etc... Tous ces objets sont traités avec un soin remarquable et ce sont de véritables bijoux d'une exécution irréprochable.

Plus simple et plus rustique est le nécessaire voisin qui remonte à l'époque Louis XV; c'est une grosse boîte de forme ovale qui contient un plat à barbe, une aiguière, des boules en métal destinées à contenir du savon et les différents ustensiles de toilette les plus indispensables.

Au-dessus de cette dernière pièce on a placé un magnifique uniforme de la vénerie impériale du temps de Napoléon III, qui a été exposé par le comte de Périgord. L'habit est en drap vert galonné d'or, tandis que le col et les parements sont en velours rouge. Le gilet est du plus beau velours cramoisi.

On se fait facilement l'idée de la richesse de ces costumes quand la chasse se développait dans les tirés de Marly, à une époque où on n'avait pas encore renoncé à toute idée de faste et d'étiquette.

La dernière partie de la vitrine contient un précieux harnais napolitain du dix-huitième siècle, qui a été prêté par M. Roduwart. Il est complètement constellé de petites plaquettes de cuivre incrustées dans le cuir et tous ces cabochons jouant sous le riche soleil de Naples devaient produire un effet tout à fait somptueux.

La selle que l'on aperçoit à côté a été prêtée par le duc d'Albuféra et présente un certain intérêt historique, car elle a appartenu à la princesse Pauline Bonaparte.

Sur le plancher de la vitrine se trouve le modèle d'un chemin de fer à chevaux, formé d'un wagon à flèche bri-

Vue générale de l'Exposition, prise du côté opposé à l'entrée.

sée, qui a été exposé par M. Jacquemart. Ce véhicule avait été construit pour l'usine vitriolique de Quessy (Aisne) en 1833, il pouvait porter une charge de 1 500 kilos. La particularité la plus remarquable de cette construction, c'est que M. Jacquemart, au lieu d'employer un cercle entier et quatre galets, n'a employé qu'un demi-cercle et deux galets au moyen desquels l'avant-train seul prend un mouvement de rotation autour de la cheville ouvrière. Le résultat pratique, c'est qu'à l'aide de cette voiture, un seul cheval suffisait à assurer le service que douze ou quatorze chevaux avaient autrefois de la peine à remplir pour les transports de l'usine.

Appuyées contre les cloisons latérales de cette partie de la vitrine, se trouvent les deux portières du carrosse du cardinal Dubois, que le Régent avait nommé archevêque de Cambrai en 1720. Ces deux portières sont, avec un avant-train sculpté en forme de coquille et un marchepied en fer, tout ce que M. Claude Guinand put sauver lors de la démolition de cette voiture historique.

Pour permettre au public de voir plus facilement les documents graphiques qui avaient été exposés, on a organisé quatre épis tournants. Les deux tourniquets qui sont placés de chaque côté de l'entrée de l'exposition française, sur le couloir central, contiennent toute la précieuse collection de modèles de voitures du dix-neuvième siècle appartenant à M. Mühlbacher. Dans les deux autres tourniquets on a groupé les différents documents relatifs à l'histoire des moyens de transports. On y trouve notamment tous les permis de circulation qui furent accordés il y a une cinquantaine d'années sur les chemins de fer de l'Europe à M. de Conty, fondateur des guides qui portent ce nom ; puis un certain nombre de pièces relatives au service des postes aux chevaux au commencement du dix-neuvième siècle : nous noterons, à ce sujet, l'exposition de M. Chevrier, qui a prêté un ancien passe-port, un brevet de maître de poste, des pièces relatives au voyage de l'empereur à Bayonne et toute une série de documents se rapportant aux costumes des postillons et aux règlements de la poste aux chevaux. Faisant suite à ces documents, sont placés les passe-ports confiés par M. Manceau-Duchemin, depuis le premier empire jusqu'à la fin du règne de Napoléon III.

On a exposé de la même manière un certain nombre de papiers historiques intéressant le sacre de Charles X, et c'est à cet ordre d'idées que se rapportent les pièces envoyées par M. Lhomer, qui nous montrent quatre documents se rapportant au voyage du dessinateur Laffitte à Reims, au moment du sacre de Charles X; il y a là un laissez-passer, un billet de logement, une carte d'entrée à la cathédrale et la description du cortège royal.

Par extension, nous avons cru devoir faire figurer également certaines cartes d'hôtel, les adresses d'entreprise de roulage, ainsi que des cartes de marchands de voitures : c'est à ce genre de documents que se rapporte l'exposition de M. Camille Enlart, directeur du musée du Trocadéro, qui a joint, à son envoi, des cartes d'entrée pour l'inauguration du chemin de fer de Tournai et pour celui de Paris en Belgique, ainsi qu'une carte du banquet donné à l'issue de la première cérémonie.

Nous ne pouvons que signaler d'une manière tout à fait sommaire les expositions de gravures encadrées qui nous ont été prêtées par nos aimables collaborateurs; nous ferons une mention toute spéciale de l'envoi de MM. Rheims et Anscher, qui ont confié près de deux cents pièces du plus haut intérêt.

**Modèle au quart de la grandeur d'exécution d'un dorsay.** (*Collection Mühlbacher.*)

M. Mühlbacher a consenti à se dessaisir pour quelques mois de sa remarquable collection d'aquarelles, dont l'une des plus intéressantes est celle représentant un magnifique carrosse de gala dessiné par Oudry. Le choix de cette collection de dessins est tout à fait hors de pair et fait le plus grand honneur à celui qui l'a composée.

L'Automobile Club a bien voulu envoyer, à Milan, vingt-quatre tableaux contenant des gravures en couleur qui furent faites au moment de la Restauration, pour tourner en ridicule les premiers essais de vélocipèdes, connus alors sous le nom de draisiennes, ainsi que les rudimentaires voitures à vapeur, qui n'ont jamais sillonné les routes que dans l'imagination des dessinateurs : il faut faire une exception cependant pour la diligence à vapeur établie par M. Gurney et qui fit, en 1831, le service public entre Glocester et Cheltenham, pendant plus de quatre mois.

M. Hartmann a rendu un très grand service à l'exposition, en lui prêtant deux cents gravures environ tirées de sa collection : elles ont permis d'indiquer la gradation des différentes inventions relatives à la locomotion, presque depuis l'origine jusqu'à une époque contemporaine.

M. Kellner a mis à notre disposition trois curieuses gravures, dont une immense aquarelle représentant un carrosse de gala attelé à six chevaux qui est traitée avec un grand luxe de détails.

Sir David Salomons avait aimablement accepté de prêter à l'Exposition une des premières locomotives qui avaient été construites en Angleterre et qui avait été baptisée du nom de « Invicta ». Les difficultés de faire venir jusqu'à Milan, une machine aussi importante, ont suscité aux organisateurs de l'Exposition l'idée de se contenter d'une bonne photographie qui rappelerait à tous ceux qui l'ont vue, cette précieuse locomotive qui fit l'étonnement de tous les visiteurs à l'Exposition de Paris en 1900.

La peinture des armoiries est représentée dans notre exposition par les panneaux qui ont été exposés par M. Pollet depuis l'époque de Louis XVIII jusqu'à ces dernières années.

De chaque côté de la porte de l'entrée principale on voit un grand tableau qui représente les armoiries des carrosses de gala de l'Empire français; l'un d'eux a été prêté par M. Bail aîné et l'autre par M. Pollet.

MM. Rheims et Auscher avaient également envoyé une série importante de ces panneaux à armoiries provenant des modèles de leur maison.

Les armes de housse en cuivre repoussé et argenté sont représentées par l'exposition de MM. Ducrot frères; on remarque les armes actuelles de la République française; celles des familles Schneider, de Rotschild, de la République Argentine, du sultan de Turquie et d'Ismaïl-Pacha.

Nous sommes forcé d'arrêter là notre énumération, car nous ne pouvons dans un exposé aussi rapide parler en détail des innombrables pièces qui nous ont été prêtées par de bienveillants collectionneurs, auxquels nous adressons ici les remerciements les plus sincères des membres du Comité de l'exposition rétrospective. Nous les assurons qu'en se privant ainsi, pendant quelques mois, de leurs objets les plus chers, ils ont fait œuvre utile et réellement patriotique, car il ne faut jamais oublier que le nom de la France doit toujours être porté bien haut dans toutes les circonstances et particulièrement lorsqu'il s'agit d'une exposition universelle à laquelle sont conviées les principales nations du monde.

Henry-René D'ALLEMAGNE.

**Modèle d'un cabriolet à six ressorts, au quart de la grandeur d'exécution.**
*(Collection L.-C. Dupont.)*

# LISTE DES EXPOSANTS

**Albuféra** (le duc d'). — Selle d'amazone ayant appartenu à la princesse Pauline Bonaparte.

**Automobile-Club de France.** — Vingt-quatre tableaux représentant des caricatures sur les automobiles :

Johnson's pedestrian hobby scholl (1819).
Dr Church's London and Burmingham steam coach (1830).
Diligence à vapeur (Entreprise).
Every one his hobby, n° 1 (1819).
Every one his hobby, n° 2 (1819).
A family party taking an Airing (1819).
The hobby horse (1819).
The ladies hobby (1819).
Locomotive Engine " The Rocket " (1830).
Locomotive Engine " The Rocket " (1830).
Match against time or wood beats Blood and Bone.
The pedestrian hobbies or the difference of going up and down hill.
Les premiers chemins de fer anglais, 1825-29-33.
Voiture aérienne.
Vue du chemin de fer de Paris à Saint-Germain.
The funeral procession of the Rump.
Travelling on the Liverpool and Manchester railway, 1833.
Vue du Viaduc de Borcette, près d'Aix-la-Chapelle.
The new steam carriage.
Going it by steam.
Voitures à vapeur, n° 1.
Voitures à vapeur, n° 2.
Invention française de 1835, voiture à vapeur.
The parsons hobby or confort for a Welch curate.

**Bail aîné.** — Modèle des armoiries figurant sur les carrosses de gala de la Cour de Napoléon III.

***

L'« Art de conduire et d'atteler », par le Baron Favero de Kerbrech.

Aquarelle encadrée représentant une berline de gala attelée de six chevaux.

**Bernard** (Emile-Augustin). — Deux tableaux encadrés :

La Diligence, par Victor Adam.

Attelage de plâtriers, par Victor Adam.

**Camille et fils.** — Deux tableaux encadrés représentant :

Selle de poste, dix-neuvième siècle.

Deux mors arabes.

**Canivet.** — Tricycles et vélocipèdes à vapeur, par L.-G. Perreau, un vol. in-8°.

Les voitures sans chevaux, par E. Dumont. Paris, in-12.

**Chevalier** (Henri). — Un tableau avec fronton représentant les wagons-salons construits pour la reine d'Espagne en 1863 et le roi de Portugal en 1866.

Un tableau représentant les photographies des wagons-salons construits pour le Sultan en 1872.

**Chevrier** (Edmond). — Pièces relatives aux postes à chevaux :

Passeport délivré en l'an VI.

Soumission aux vélocifères, an XII.

Lettre de service, an VIII.

Pièce relative au voyage de l'empereur à Bayonne, aller.

Pièce relative au voyage de l'empereur à Bayonne, retour.

Circulaire relative au costume des postillons, 1815.

Seconde circulaire relative au costume des postillons, 1815.

Instruction relative au costume des postillons, 1816.

Circulaire relative au costume des postillons, 1824.

Pièce relative au voyage de Madame, 1818.

Brevet de maître de poste, 1829.

Extrait des lois et règlements concernant la poste aux chevaux.

Etat des chevaux et postillons pour le voyage du duc de Montpensier et du duc d'Aumale, 1846.

**Petite voiture pour promener les enfants. Bois sculpté et doré (époque Louis XV).**
*(Collection Henry D'Allemagne.)*

**Compagnie des chemins de fer du Midi.** — Trois tableaux représentant d'anciennes machines et voitures de la Compagnie.
Locomotive n° 1 à essieux indépendants, construite en 1856.
Voiture de seconde classe et de coupé AL1, de 1857.
Voiture de seconde classe B61, construite en 1862.

**D'Allemagne** (Henry-René). — Quatre-vingt-dix pièces diverses :
Deux planches hyposandales.
Cinq mors.
Onze étriers.
Mors romain en deux pièces.
Une muserolle en fer découpé (seizième siècle).
Un outil de maréchal, seizième siècle.
Un outil de maréchal, dix-huitième siècle.
Quatre esses provenant de la suspension d'une voiture.
Un bois sculpté représentant saint Martin partageant son manteau.
Deux cadres contenant des moulages d'un modèle de carrosse.
Un modèle de voiture irlandaise.
Deux têtes de cheval en cuivre, ayant servi de potence.
Jouet indien monté sur quatre roues.
Petit bateau égyptien.
Une petite voiture pour promener un enfant époque Louis XV.
Un modèle de petit carrosse peint en bleu.
Un modèle de traîneau.
Voiture automatique contenue dans une vitrine.
Une chaise à porteurs.
Une paire de bottes de postillon.
Neuf lanternes de voitures.
Deux lanternes d'écurie.
Un traîneau finlandais avec sa poupée.
Deux lanternes d'écurie.
Deux modèles de locomotives.
Un nécessaire de voyage Louis XV, contenant onze pièces.
Cinq bossettes pour brides.
Quinze éperons.
Deux esses décoratives pour carrosse.
Une feuille décorative pour carrosse.
Une bride persane, argent et turquoises.
Un harnachement persan de même travail, six pièces.

Quatre pièces de harnachement de même travail.
Un petit chariot d'enfant de style flamand.
Un modèle de carrosse à huit ressorts.
Un encrier formant automobile, époque 1820.
Un char romain reconstitué avec des bronzes antiques.

**Ducrot frères.** — Un grand panneau en forme d'écusson, sur lequel sont montés les modèles de la garniture de harnais à huit chevaux exécuté pour le mariage de la reine d'Espagne en 1846 (47 pièces).
Une couronne royale en ronde bosse avec coussin et socle, modèle ayant servi pour le wagon-salon du train royal d'Espagne.
Six petits panneaux portant sept armes de housse : République française, famille Schneider, famille Rotschild, République Argentine, Sultan de Turquie, Vice-roi d'Egypte et Ismaïl-Pacha.

**Dufresne** (Henri). — Une image d'Epinal : le chemin de fer.
Notions sur le chemin de fer.
Deux planches de costumes.
Une planche les « Véritables cris de Paris ».
Quatre gravures chaises à porteur.
Trois gravures sur le chemin de fer.
Deux photographies de carrosse de gala.
Six gravures diverses.
Un fragment de soie représentant un landau de chasse de l'époque Louis XIII.
Un volume broché : Chemin de fer de Paris à Versailles.

**Dujardin** (Marius). — Seize planches comprenant des tickets de tramways, de chemin de fer et des correspondances d'omnibus.

**Dupont** (Louis-Charles). — Un modèle de cabriolet à six ressorts au quart grandeur d'exécution.
Modèle au quart grandeur d'exécution d'une voiture de gala construite pour le baptême du prince impérial en 1856.

**Dupont** (Télesphore). — Photographies d'une berline de gala de l'époque premier Empire (trois pièces).

**Chaise à porteurs Louis XVI.** *(Collection Henry D'Allemagne.)*

**Enlart** (Camille). — Neuf cartes d'hôtels.

Trois pièces concernant les transports.

Trois pièces diverses, vues de villes.

Deux pièces, inauguration du chemin de fer de Tournay.

Une facture d'un commerçant d'Alger.

Un guide du service maritime.

Le chemin de fer de Paris en Belgique. Pièce in-8°.

The Railroad Alphabet.

Une carte d'adresse d'un marchand de voitures.

Une carte d'adresse d'un marchand de voitures-baignoires.

Carte d'invitation au banquet royal de Tournay.

**Felber et fils.** — Un petit modèle de coupé de l'époque Louis-Philippe.

**Glasser.** — Sept lithographies représentant les uniformes des employés du chemin de fer de Versailles et de Saint-Germain :

Tenue des chefs de gare, de station, etc...

Tenue des chefs de traction, mécaniciens, chauffeurs, etc...

Tenue des chefs et employés de la voie.

Tenue des piqueurs et cantonniers.

Tenue des facteurs et des garçons de bureaux.

Planche de broderies pour les uniformes.

Planche de plaques de ceinturons et de casquettes, galons, etc...

**Guinand** (Claude). — Une paire de harnais de carrosse de gala de l'époque Louis XV.

Quatre pièces provenant d'un carrosse ayant appartenu au cardinal Dubois : une paire de portières, un avant-train coquille, un marchepied.

Un panneau velours de Gênes ayant appartenu au même carrosse.

**Hachette et Cie.** — Collection des Guides Joanne pour la France et l'Algérie : Paris, Environs de Paris, Algérie et Tunisie, Auvergne et Centre, Bretagne, Bourgogne-Morvan-Jura-Lyonnais, Champagne et Ardennes, Corse, Dauphiné, la Loire, de la Loire aux Pyrénées, le Nord, les Cévennes, la Normandie, Provence, les Pyrénées, la Savoie, Vosges-Alsace-Forêt-Noire.

**Hamburger frères.** — Une caisse de carrosse, époque Louis XV, ornée de peintures sur fond or.

**Hartmann.** — Douze gravures relatives aux rouliers et charretiers.

Huit gravures relatives aux brouettes et charrettes.

Quarante gravures relatives aux voitures publiques.

Six gravures relatives aux voitures de gala.

Vingt-huit gravures relatives aux voitures de maître.

Cinq gravures relatives aux cochers.

Vingt gravures relatives aux pompes funèbres.

Sept gravures relatives aux voitures de fantaisie.

Neuf gravures relatives aux chevaux.

Quatre gravures relatives au charronnage.

Dix-sept gravures relatives aux transports divers.

Dix gravures relatives aux voitures de souverains.

Trente-trois gravures relatives aux rues de Paris, dix-septième et dix-huitième siècles.

Dix-sept gravures relatives aux rues de Paris, dix-neuvième siècle.

Vingt-trois gravures diverses.

**Henry** (André-Edmond-René). — Un grand nécessaire de l'époque Empire comprenant les pièces suivantes : un miroir, une boîte à thé sucrier, une boîte à thé sucrier plus grande que la précédente, une chocolatière contenant un verre en cristal, une cafetière avec manche, un pot à eau, une cuvette, deux corps de flambeaux, deux pieds de flambeaux, deux binets, une timbale à couvercle, une petite boîte à pâte, deux couverts entremets, deux cuillers à café, deux petits flacons plats à odeur, quatre grands flacons plats à odeur, une œillère, un blaireau, un tire-bouchon, un briquet, un mètre, deux tasses avec leur soucoupe en Sèvres, une théière en Sèvres, un sucrier en Sèvres.

Dans une trousse placée dans la cuvette qui occupe le centre du nécessaire se trouvent trente-quatre petites pièces telles que ciseaux, couteaux, pinces, compas, etc..., en or, argent ou acier damasquiné, montures en nacre ou ivoire.

**Hotelaus** (Raoul d'). — Une médaille commémorative des chemins de fer, 1842.

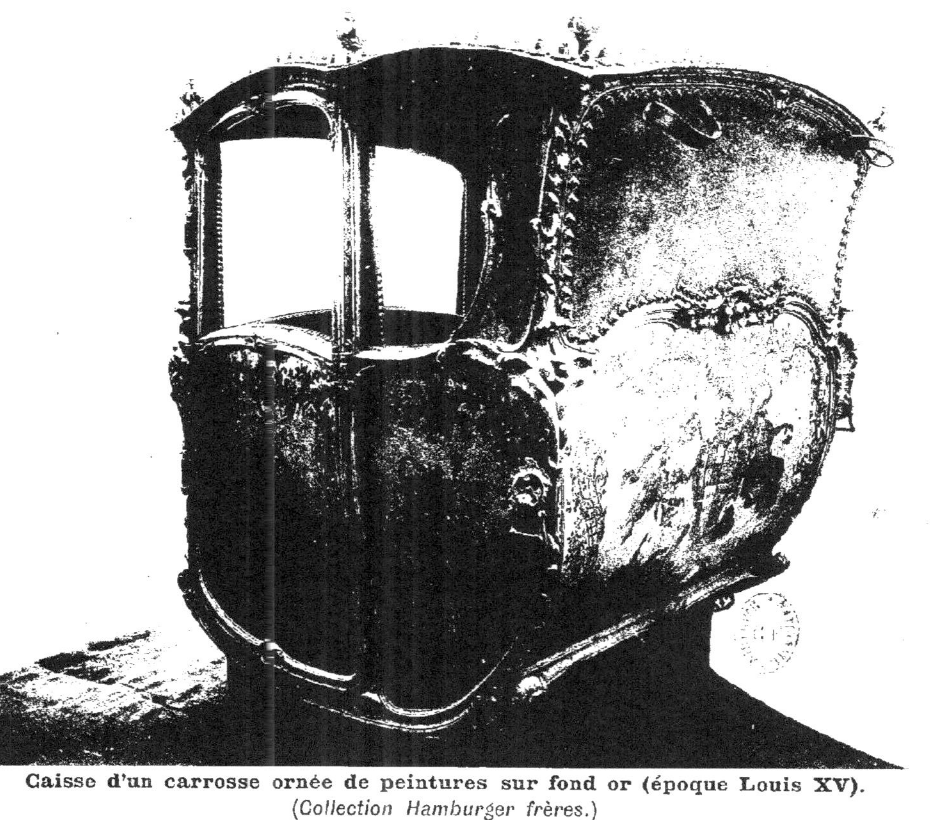

**Caisse d'un carrosse ornée de peintures sur fond or (époque Louis XV).**
(*Collection Hamburger frères.*)

Médaille commémorative de l'inauguration du chemin de fer de Paris à Dijon en 1851, par Louis-Napoléon Bonaparte.

**Jacquemart.** — Un modèle de chemin de fer industriel inventé en 1835 et construit par M. Frédéric Jacquemart pour le service de l'usine vitriolique (alunerie) de Quessy.

**Kellner** (Georges.) — Une grande aquarelle encadrée, représentant un projet de voiture pour les cérémonies de L. M. Impériales, par Guillon, architecte en équipages. Année 1867, réduction au huitième d'exécution. Attelage à huit chevaux avec quatre hommes de main.

Deux gravures encadrées représentant des attelages du dix-neuvième siècle.

**Le Brun** (Eugène). — Douze volumes, guides divers :

Description de la France, 1611.

Voyage pittoresque de Paris, 1752.

Le Voyage en France, 1673.

Les Environs de Paris, 1784.

Le Guide des étrangers, 1697.

Paris en poche, 1867.

Guide du voyageur à Londres, 1839.

Stranger's guide of Paris, 1818.

Description de la France, 1791. (6 volumes in-8°.)

Itinéraire d'Italie, 1801.

Itinéraire d'Italie, 1817.

Livre de poste, 1840.

Seize permis de circulation sur les chemins de fer de l'Europe délivrés à M. de Conty.

**Le Roux.** — Un fragment de toile de Jouy représentant l'Impératrice Joséphine en voiture, suivant une chasse de Napoléon I^er^. Napoléon se tient à une portière.

**Leroy.** — Huit cadres contenant des photographies de voitures historiques.

**Lhomer.** — Quatre pièces concernant le voyage du dessinateur Laffitte à Reims pour le sacre de Charles X :

Un laissez-passer.

Un billet de logement.

Une carte d'entrée à la cathédrale.
Description du cortège royal.

**Manceau-Duchemin.** — Un passeport premier Empire.
Un passeport Charles X.
Un passeport Louis-Philippe.
Passeport du second Empire.
Une affiche du chemin de fer de Versailles.
Une brochure cahier de charges par Bertall.

**Martinat** (Mme). — Une grande voiture de ville, époque Louis XVI; caisse peinte, roues et avant-train sculptés.

**Ministère des Travaux publics.** — Huit médailles commémoratives d'inauguration de chemins de fer :

1° Médaille commémorative de la loi du 11 juin 1842 pour la construction des grandes lignes de chemin de fer. Effigie de Louis-Philippe Ier.

2° (Inauguration de chemin de fer en 1849.) L.-N. Bonaparte, président de la République française; M. T. Lacrosse, ministre des Travaux publics, ont inauguré les chemins de fer de Paris à Chartres, le 5 juillet; de Tours à Angers, le 29 juillet; de Paris à Epernay, le 2 septembre; de Paris à Tonnerre, le 9 septembre.

3° Inauguration des travaux du chemin de fer de Ceinture, exécutés en vertu du décret du 10 décembre 1851.

4° Inauguration des chemins de fer de Paris à Strasbourg, Reims, Metz, Thionville, Sarrebruck, 1854.

5° Inauguration des chemins de fer de Paris en Espagne, par Orléans, Tours, Bordeaux et Bayonne, 1855.

6° Inauguration des chemins de fer de Paris à la Méditerranée, par Dijon, Lyon et Avignon, 1855.

7° Inauguration des chemins de fer de l'Ouest, 1855.

(3° à 7° :) Napoléon III, régnant; P. Magne, ministre de l'Agriculture, du Commerce et des Travaux publics.

**Voiture de ville Louis XVI.** *(Collection de Mme Martinat.)*

8° Inauguration du chemin de fer de Ceinture, rive gauche, livré à l'exploitation le 25 février 1867, Napoléon III, régnant; M. de Forcade La Roquette, ministre de l'Agriculture, du Commerce et des Travaux publics.

**Muhlbacher et fils.** — Les gravures suivantes représentant des voitures ou carrosses du dix-neuvième siècle :

Deux voitures de gala, crayon de Habermann.
Une voiture du dix-huitième siècle, genre Dorsay.
Une voiture de gala découverte, dix-huitième siècle.
Une grande berline, aquarelle.
Un carrosse de gala, dix-huitième siècle.
Un grand carrosse italien du dix-huitième siècle.
Une grande diligence, attelage à quatre chevaux.
Un carrosse de gala, dix-huitième siècle.
Un grand carrosse de gala, chevaux caparaçonnés.
Deux landaus de voyage.
Une diligence de ville.
Trois buggys.
Deux carricks.
Deux phaétons et un buggy.
Un coupé de voyage et une calèche.
Un mylord et un vis-à-vis.
Un phaéton à ballon et un phaéton Briska.
Deux calèches de voyage.
Une diligence omnibus.
Un coupé de ville à housse.
Deux coupés de voyage.
Un phaéton et un woursh.
Un carrick à pompe.
Une calèche.
Deux briskas.
Une calèche.
Une grande calèche de Daumont.
Une grande calèche de Daumont.
Une grande calèche de Daumont, forme briskas.
Deux woursh.
Deux calèches, dessin à la plume.
Un duc de Daumont forme carrick.
Deux coupés de voyage.

****

Un coupé de voyage.
Deux dorsays en Daumont.
Deux coupés de ville à housse.
Un dorsay.
Un grand coupé de ville.
Une berline à housse.
Une grande berline à housse.
Un mail-coach anglais.
Un break de chasse.
Deux buggys.
Une calèche et un landau.
Un break de chasse attelé en poste.
Une marquise.
Deux voitures de voyage.
Deux voitures de voyage.
Une calèche et un cabriolet.
Une calèche et un coupé de ville.
Deux cabriolets.
Deux cabriolets, dessins de Gerbod fils.
Un cabriolet.
Un cabriolet.
Un phaéton à capote et un char à bancs.
Deux calèches.
Deux calèches.
Une calèche Daumont.
Deux voitures diverses.
Deux voitures.

Les six voitures ou traîneau suivants :
Traîneau ayant appartenu à l'impératrice Joséphine.
Voiture aux chèvres du comte de Chambord.
Un modèle dorsay, quart grandeur d'exécution.
Un modèle tilbury-télégraphe, quart grandeur d'exécution.
Petit modèle de diligence contenu dans une vitrine.
Un petit modèle de diligence voiture de poste.

**Muntz.** — Une lithographie encadrée représentant la gare de l'Est pavoisée, intitulée : Départ de S. M. la reine d'Angleterre de Paris, le 27 août 1855.

**Paisseau.** — Un bicycle Michaux de 1867.

**Panhard et Levassor.** — Sept photographies d'automobiles.

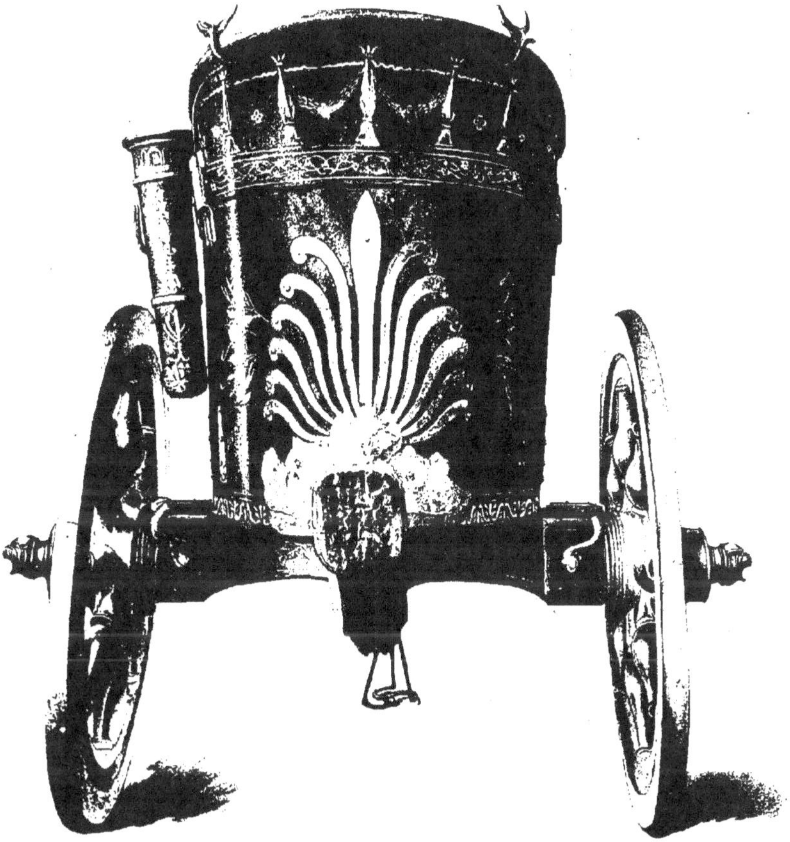

**Char romain reconstitué à l'aide de fragments de bronzes antiques (vue de face).**

*(Collection Henry D'Allemagne.)*

Voiture à moteur Phénix, 4 chevaux, 1893-1894.
Détails du moteur Phénix, 4 chevaux, 1893-1894.
Voiture à moteur Phénix, 1895.
Voiture à moteur Phénix, 4 chevaux, 1896-1897.
Voiture à moteur Phénix, 6 chevaux, 1896-1897.
Voiture de livraison, moteur Daimler, 1893.
Voiture Panhard-Levassor, de la course Paris-Amsterdam en 1898.

**Périgord** (le Comte de). — Uniforme de la vénerie impériale de Napoléon III, comprenant un habit vert galonné, col et parements rouges; un gilet velours rouge galonné.

**Pollet** (Paul). — Quatre petits panneaux d'armoiries pour décoration de voitures.
Un grand panneau d'armoiries.
Un panneau d'armoiries provenant d'une voiture du prince de Sagan.

**Ponthas** (L.). — Deux tableaux dessinés et peints d'après Vernet et représentant :
La route de Saint-Cloud.
La route de Poissy.

**Quarré-Reybourbon.** — Cinq photographies d'enseignes de cabarets ou d'hôtels :
Au Panier fleuri.
Au Beaujolais.
Aux Trois Mousquetaires.
Au Cheval rouge.
Estaminet du Vieux Mortier.

**Rheims et Auscher.** — Une collection de cent quatre-vingt-six gravures encadrées donnant les représentations suivantes :
Vue du château royal de Marly.
Vue du Palais-Bourbon.
Vue de la grande façade du Louvre.
Le vieillard de la côte de Malaunay.
Un cadre, modèles de voitures de ville, coupés, cabriolet, berline, etc.

Un cadre comprenant la représentation de phaéton, diligence de ville, calèche à flèche, calèche dormeuse, landau, carrick, cabriolet, etc.

Un cadre comprenant la représentation d'une voiture dormeuse, voiture coupé à demi-gondole, un char à bancs.

Un cadre comprenant la représentation d'une calèche, deux cabriolets à la Bruxelles, une dormeuse, un phaéton, voiture de voyage, siège Bastardelle.

Un cadre comprenant la représentation d'une calèche de campagne, phaéton, cabriolet monté sur train, berline, coupé.

Un cadre comprenant la représentation de calèche, cabriolet, coupé demi-gondole, coupé siège drapé, dormeuse, voiture à six places.

Un cadre comprenant la représentation de diligence de ville et de campagne, berline à longues soupentes, montée à crics.

Hyde-Park corner, d'après Pollard.

Rendez-vous de chasse, break à quatre.

Promenade au bois de Boulogne, attelage à la Daumont.

Départ pour les eaux. Poste française.

Retour du château. Poste anglaise.

Phaéton à deux chevaux.

La Promenade, par Harris.

Dog-car à deux roues.

Le poney-chaise.

Le Rendez-vous, par Harris.

Traîneau, dessin colorié par Audy.

Landau de poste, dessin colorié par Audy.

Omnibus, dessin colorié par Audy.

Mylord à huit ressorts, dessin colorié par Audy.

Cabriolet à pompe, dessin colorié par Audy.

Spider, dessin colorié par Audy.

Le cabriolet à pompe.

La visite.

Traîneau Louis XIV, peint par Kratki.

Berline du Premier Consul, peinte par Kratki.

Ecusson aux armes de France.

Voiture du sacre de Charles X.

Voiture de gala, lithographie de Gourdin.

Traîneau en bois sculpté (dix-huitième siècle). (*Collection Rheims et Auscher.*)

Voiture de gala Louis XIV.
Voiture du sacre de Charles X.
Voiture du mariage de Napoléon Ier.
Voiture du sacre de Charles X.
Calèche impériale, second Empire.
Calèche impériale de Napoléon III.
Calèche ordinaire.
Voiture de cérémonie.
Voiture du sacre de Napoléon Ier.
Voiture du sacre de Pie VII.
Carrosse de gala, aquarelle de Audy.
Six cadres donnant la représentation de diverses voitures de gala et de cérémonie du dix-neuvième siècle.
Un coupé à housse.
Une voiture de gala, aquarelle de Clocher.
Une voiture de gala, aquarelle de Clocher.
Un dorsay huit ressorts, siège à housse.
Un landau huit ressorts, siège à housse.
Une berline de gala.
La Diligence, par Victor Adam.
L'Estafette, par Victor Adam.
La Chaise de poste, par Victor Adam.
Citadin, par Raffet.
Omnibus, par Raffet.
Dame Blanche, par Raffet.
Les Béarnais, par Raffet.
Les Tricycles, par Raffet.
Ecossaise, par Raffet.
Les Jumelles, par Lœillet-Hartwing.
Batignollaise, par Lœillet-Hartwing.
Voitures diverses du dix-neuvième siècle.
Brougham à quatre places et wourth à siège tandem.
Petite calèche et voitures diverses.
Dessins lithographiques représentant des voitures du dix-neuvième siècle.
Dessins lithographiques représentant des voitures du dix-neuvième siècle.
Un cadre comprenant des dessins de coupé de ville, calèche à l'anglaise, etc.
Un cadre comprenant six lithographies : le faubourg Saint-

Honoré, le quartier de la Bourse, la Chaussée d'Antin, le faubourg Saint-Gervais, le Marais, le faubourg Saint-Honoré.

Un cadre comprenant trois dessins lithographiques : un coupé-chaise, à nouveau système, pour conduire de l'intérieur, un american wourtz-duk, etc.

Un cadre comprenant trois lithographies de Victor Adam.

— quatre —

— cinq —

— deux lithographies par divers.

— quatre —

— quatre —

— trois lithographies de Victor Adam.

— trois

— trois —

— trois —

— trois —

— quatre —

— trois —

— trois —

— trois —

— trois —

— une lithographie par A. de Dreux.

— une —

— une lithographie par Swibach.

— une —

— une lithographie de Breittanier.

— une lithographie de Victor Adam.

Paris-Diligence, par Rowlandson.

Going to the races.

Un cadre comprenant onze voitures dessinées par V. Adam.

Un cadre comprenant douze voitures dessinées par V. Adam.

Stage coach.

Un cadre comprenant cinq voitures dessinées par Guillon et Joanny.

Un cadre comprenant quatre voitures dessinées par Guillon et Joanny.

Un cadre comprenant six voitures dessinées par Guillon et Joanny.

Coventry, par Fellowes.

Traîneau russe.

Voiture turque.

Le mauvais présage.

A new Banking.

Un cadre comprenant une voiture dessinée par Eug. Lami.

Un cadre comprenant neuf gravures représentant diverses voitures du dix-neuvième siècle.

Un cadre comprenant neuf gravures représentant diverses voitures du dix-neuvième siècle.

Un cadre comprenant neuf gravures représentant diverses voitures du dix-neuvième siècle.

Un cadre comprenant neuf gravures : un phaéton léger, phaéton à caisse mobile, calèche à ballon, calèche Briska, etc.

Un cadre comprenant neuf gravures : un fourgon à enrayures, coupé à housse et à pincettes, landolet à caisse mobile et à deux fins, cabriolet à siège supporté par des ferrures, américain char à bancs, etc...

Voiture russe.

L'Accident, par Carle Vernet.

Litières.

Coach du duc de Cambridge.

Un cadre comprenant les dessins de quatre voitures.

Coach du duc de Brunfort.

Diligence française.

Malle-poste anglaise.

A trip to Brighton (quatre tableaux).

Un cadre comprenant douze dessins de voitures.

Onze cadres contenant des gravures coloriées d'après Newhouse.

Chars romains.

Un cadre contenant un dessin de voiture, par Gurk.

Un cadre contenant un dessin de voiture de poste à la Daumont.

Un cadre contenant un dessin de voiture citadine et berline du delta.

Un cadre contenant un dessin de voiture, par Victor Adam.

Un cadre contenant un dessin de voiture, par Carle Vernet.

Malle-poste, par H. Vernet.

Stage coach, par H. Vernet.

West country mail, par Rosemberg.
General post office, par Ruwes.
Waking up, par Hunt.
High gate tunnel, par Hunt.
Mail coach by moonlight.
Mail coach by moonlight.
Grande croisade contre la liberté.
Equipage de chasse, par A. de Dreux.
Chaise de poste, par A. de Dreux.
Vingt cadres contenant un dessin lithographique colorié par Worth.
Vingt cadres contenant un dessin de voiture. (Collection de mail coach.)

Les onze pièces suivantes :
Six panneaux d'armoiries pour carrosses de gala, peinture sur bois.
Un petit modèle de voiture automobile.
Un petit modèle d'attelage Daumont.
Un petit modèle d'attelage d'un tilbury.
Une chaise à porteurs, époque Louis XV.
Un traîneau hollandais, dix-huitième siècle.

**Roduwart.** — Un harnais napolitain du dix-huitième siècle.

**Rousseau** (Paul). — Un bicycle Michaux, roues en bois cerclées de fer.

**Saint-Maurice** (comte de). — Petit carrosse ayant été construit pour le Dauphin, fils aîné de Louis XVI.

**Salomons** (Sir David). — Photographie représentant l'*Invicta*, locomotive anglaise de 1835.

**Sarluis.** — Petit modèle de voiture en vernis Martin.
Un traîneau hollandais orné de peintures.

**Sarriau** (Henri). — Une paire d'étriers en fer, seizième siècle.

**Schneider et Cie.** — Un modèle de locomotive construite au Creusot en 1848.

**Thiault.** — Un bicycle Michaux ayant appartenu au comte d'Eu.
Un cadre de bicyclette soudé à la soudure autogène.

SAINT CLOUD. — IMPRIMERIE BELIN FRÈRES.

www.ingramcontent.com/pod-product-compliance
Lightning Source LLC
LaVergne TN
LVHW050425160826
845677LV00002BA/540

* 9 7 8 2 3 2 9 7 3 1 1 5 5 *